2041

NOTICE

SUR

LA MALADIE DE LA VIGNE

ET

LES ALTÉRATIONS DE DIVERS VÉGÉTAUX.

À l'appui de l'opinion que je me suis permis de développer dans le mémoire que j'ai publié, le 31 juillet 1854, sur la cause *détermi-nante* de la maladie de la vigne et de plusieurs autres végétaux, je viens aujourd'hui apporter de nouveaux faits et de nouvelles observations.

Depuis le milieu d'avril, j'ai trouvé, à la surface inférieure des feuilles de plusieurs framboisiers cultivés dans une serre non chauffée, des *acarus* à divers degrés de développement, mais presque tous encore dans l'âge d'accroissement. On n'en voit que très-peu à l'état adulte, et ce sont évidemment ceux qui, éclos tardivement à l'automne et ayant pu s'abriter contre les froids de l'hiver, reparaissent *avec la végétation* dans les serres, c'est-à-dire beaucoup plus tôt qu'à l'air libre.

Les œufs nombreux qu'on trouve isolés sur les nouvelles feuilles y ont été déposés par ces insectes. Ces œufs, d'abord blancs, passent bientôt au fauve clair, état qui annonce la formation de l'insecte et sa sortie prochaine. Lorsqu'il a quitté l'œuf, celui-ci devient transparent, d'un blanc nacré, et ressemble à une petite perle en partie brisée.

Ce n'est qu'insensiblement que l'insecte prend sa couleur fauve.

Lorsqu'il éclôt, il est presque blanc, et ses deux taches dorsales sont à peine apparentes ; mais bientôt elles deviennent noires. Plus tard, l'acarus devient jaune, puis fauve, et ses taches sont alors brunes. A l'automne, lorsque la température s'abaisse, il devient rouge. Il change ainsi quatre fois de couleur, en passant par les nuances intermédiaires. Au mois de décembre dernier, j'en fis voir à M. Guérin-Méneville un assez grand nombre sur des feuilles de framboisier, et quelques-uns sur les pédicelles d'une grappe de raisin, qui avaient cette dernière couleur.

L'acarus n'a d'abord que six pattes, quatre antérieures et deux postérieures ; mais bientôt la dernière paire de celles-ci se développe. Deux de ses quatre pattes antérieures, insérées près des mandibules ou museau, sont plus longues et plus fortes que les autres, et s'agitent constamment, comme des antennes, lorsqu'il marche. Les articles antérieurs de ces deux pattes ont une couleur rose assez prononcée. De chaque côté de la partie supérieure du corps, dans laquelle s'insère l'espèce de museau, apparaissent deux points rouges saillants qui me semblent être deux branchies. On voit sur le corps, et à chaque insertion des articles du tarse, de longues soies blanches et roides.

Des fils, produits par ces insectes, forment, sur les feuilles, soit des lignes irrégulières, soit, vers la fin de l'été et à l'automne, des plexus ou toiles qui ont atteint, l'an dernier, sur des feuilles de framboisier et de rose trémière plantés dans ma serre à fruits, un développement beaucoup plus considérable que sur celles de la vigne, où on les voit, près des échancrures, sur les parties du limbe formant accidentellement quelque concavité. A l'intérieur de la grappe, dont la rafle et ses pédicelles leur servent de points d'attache, j'ai trouvé constamment, l'an dernier, dans ces toiles, des acarus à divers états rudimentaires ; seraient-ils, comme les pucerons, *ovipares* et *vivipares ?*

Le pédoncule du grain, où la séve vient, sans doute, *s'élaborer* avant de servir au développement du raisin, m'a paru *particulièrement attaqué* par ces insectes, et c'est là ce qui explique pourquoi « les « grains ou fruits en voie de développement se flétrissent sous l'in- « fluence maladive ou se dessèchent sans se fendre, la coïncidence « d'une altération sur le pédoncule ou le sarment empêchant l'accès « de la séve vers le fruit et arrêtant sa croissance » (Payen, *Maladie*

de la vigne, p. 136); — « pourquoi M. de Bryas, d'Eysines, a pu
« soumettre à la commission de Bordeaux des raisins dont les pédi-
« celles attaqués, desséchés à leur point de jonction avec le grain,
« produisent sur celui-ci une induration qui a quelque analogie avec
« celle que présentent les raisins oïdiés » (*Compte rendu de la commission de Bordeaux*, p. 379); — « pourquoi, le plus souvent, la
« première trace d'altération se révèle à l'œil nu sur le pédoncule
« du raisin. » (Bouchardat, *Traité de la maladie de la vigne.*)

Le bourrelet sur lequel sont implantés les nœuds vitaux qui don-
nent naissance aux tiges et aux feuilles caulinaires est aussi particulièrement attaqué par les acarus. N'est-ce pas là, d'abord, que la séve
vient s'accumuler et que l'insecte peut trouver, en raison de l'engorgement du tissu cellulaire de l'écorce, engorgement qui doit amener
sa dilatation, à pomper plus abondamment et plus facilement les
sucs dont il se nourrit, que sur toute autre partie de la plante, ou du
moins des rameaux ? Voilà pourquoi « l'oïdium s'agglomère en plus
« notable quantité vers les nœuds que sur les portions lisses. » (Rapport de M. A. Gaschet à la commission de Bordeaux.)

J'ai constaté, en 1853 comme en 1854, que la partie supérieure
des jeunes rameaux, où, par suite du pincement ou d'une taille hâtive, c'est-à-dire faite avant leur *aoûtage* complet, la séve, arrêtée
brusquement dans son cours, est venue former épanchement ; j'ai
constaté, dis-je, que cette partie des rameaux est, comme les nouvelles pousses qui s'y développent, surtout attaquée par les acarus
par suite de l'état de turgescence dans lequel elle se trouve, état,
du reste, très-apparent : aussi les derniers entre-nœuds sont-ils bientôt, après la chute des feuilles, presque entièrement ou au moins
partiellement frappés de mort, tandis que la partie inférieure du
rameau, dont l'épiderme a présenté plus de résistance à l'instru-
ment vulnérant de l'acarus, par cela même que le tissu en était plus
ligneux, n'a pas subi les mêmes altérations, s'est très-bien aoûtée
et a conservé toute sa vitalité ; aussi les taches ou pustules sont-elles
beaucoup moins nombreuses dans ces mêmes parties et ne se trou-
vent-elles guère que sur les nœuds ou dans leur rayon. Voilà pourquoi M. Bouchardat « a vu des sarments dont la partie supérieure
« était complétement privée de vie, même dans les couches les plus
« profondes. » Voilà pourquoi M. L. Leclerc « a également vu que la
« maladie pouvait s'étendre au delà des couches superficielles des

« jeunes pousses; » voilà pourquoi encore « il a vu, dans les mal-
« heureux vignobles de Roussillon, de Frontignan et de Lunel, des
« sarments noircis, secs, fragiles, morts au tiers supérieur, quelque-
« fois, mais rarement, à la moitié » (*Traité de la maladie de la vigne*, par M. Bouchardat) : pourquoi M. A. Gaschet, rapporteur de
la commission de Bordeaux, « a fréquemment remarqué, aux der-
« nières limites de la flage, de petites rayures vert foncé....., et a
« constaté, plus tard, que la substance organique de la flage est
« pervertie, détruite à partir de l'extrémité, et que le mal s'étend
« en descendant vers le tronc. »

Sur le pommier, n'est-ce pas aussi de préférence sur les parties
de l'arbre où la séve se trouve naturellement ou accidentellement
appelée en plus grande abondance, sur le bourrelet, par exemple,
qui se forme à la jonction de la greffe et du sujet, que le puceron
lanigère se fixe? N'est-ce pas sur ces mêmes points que l'on voit
surtout s'agglomérer les nodosités produites par la piqûre et la succion de cet hémiptère?

Quant au pédoncule de la grappe, sa base, c'est-à-dire la partie
apparente, porte seule de nombreuses traces d'altérations, tandis
que son prolongement et les pédicelles cachés par les raisins n'en
présentent pas. Sur le raisin, comme sur les prunes et plusieurs autres fruits, ce sont également les parties exposées aux rayons solaires que les acarus attaquent particulièrement. Sur les prunes il
ne se forme pas d'oïdium; mais bientôt il se développe, sur ces
mêmes parties, des taches violettes, au centre desquelles on voit le
point de perforation où, plus tard, apparaît un petit paquet ou cer-
cle de champignons, annonçant un commencement de décomposition du fruit. Ces taches amènent souvent l'épaississement et l'*induration* de l'épicarpe, et, lorsqu'elles sont très-nombreuses et qu'elles
deviennent confluentes, le fruit cesse de grossir, s'atrophie et tombe,
comme cela a eu lieu l'an dernier, dans ma contrée, sur un grand
nombre de pruniers en plein vent, notamment sur ceux de reine-
Claude et de Saint-Michel plantés au midi. La piqûre des acarus
fait développer également, sur les feuilles du prunier, la *puccinia
pruni*, mucédinée très-connue des botanistes. Sur la ronce, les taches violettes des feuilles et la *puccinie* qu'on trouve à leur face inférieure sont également produites par la même cause. Les taches de
même couleur qu'on voit sur les feuilles du fraisier, et au centre

desquelles se forme, comme sur celles du cerisier, une petite perforation suivie souvent de la chute de la petite lame desséchée du parenchyme, doivent être attribuées aux mêmes insectes. Au mois de septembre dernier, j'avais eu l'honneur d'adresser à la Société impériale et centrale d'agriculture une communication sur la maladie du prunier.

L'instinct de l'acarus le porte à déposer ses œufs sur les feuilles les plus tendres, qui devront présenter moins de résistance au suçoir du jeune insecte. Aussi c'est sur les jeunes pousses apparues à la suite du pincement, surtout dans les parties les plus élevées de mes vignes en serre, que j'ai trouvé le plus grand nombre d'acarus, au point que ces jeunes pousses, enveloppées par la toile de ces insectes (*veluti telæ involvunt fructum et absumunt*, PLINE) et altérées par leurs innombrables piqûres et par leur succion, n'ont pu se développer que très-imparfaitement. Toutefois j'ai constaté que, sous l'influence des chaleurs tardives de l'été dernier, ces mêmes pousses, déjà étiolées, ont recommencé à végéter.

La prédilection des acarus à habiter les feuilles qui, se trouvant dans les parties les plus élevées et les plus apparentes des plantes, reçoivent le plus immédiatement les rayons solaires me paraît facile à expliquer. D'abord il doit en être de ces feuilles comme des fruits mûris au soleil : la qualité de leurs sucs est meilleure, et voilà pourquoi ils les choisissent ; ensuite les feuilles les plus rapprochées de terre reçoivent plus immédiatement et en plus grande abondance les émanations du sol, qui viennent se condenser en vapeur aqueuse à leur surface inférieure et contribuer à en éloigner les acarus. Par l'effet du rayonnement nocturne, le refroidissement est aussi plus considérable, et la température normale est, conséquemment, plus basse dans les parties inférieures de la vigne, lesquelles ne présentent donc, sous aucun rapport, un habitat aussi favorable aux acarus que ses parties élevées. L'instinct de cet insecte ne doit-il pas aussi lui faire rechercher pour la ponte de ses œufs un substratum où ils puissent trouver la somme suffisante de chaleur et la température moyenne nécessaires à leur éclosion et au développement de sa progéniture? Voilà ce qui me paraît expliquer « cette préservation proportionnelle si remarquable des vignes basses comparées aux « treilles élevées et aux hautains. » Voilà pourquoi, « dans les vi- « gnobles de la Bourgogne, où la maladie ne s'est déclarée qu'à la

« fin d'août ou au commencement de septembre, et a attaqué prin-
« cipalement, dans toutes les localités visitées, les jeunes vignes de
« trois et quatre ans, toujours les provins ont été observés ou in-
« tacts, ou comparativement moins attaqués que les ceps qui n'a-
« vaient pas été couchés; » pourquoi, « dans la collection du Luxem-
« bourg, les provins, peu nombreux, ont tous été comparativement
« plus ménagés que les ceps qui les ont fournis et qui étaient, à côté
« d'eux, exactement dans les mêmes conditions; » pourquoi, « chez
« M. Prangé, à Montmartre, une treille, composée de vieux ceps,
« envahie en 1850, a été préservée en 1851 par le provignage, en-
« core que toutes les treilles environnantes fussent frappées; » pourquoi, « en Savoie, selon M. Bonjean, les treilles ont été beaucoup
« plus vivement atteintes que les vignes basses » (Bouchardat,
Traité de la maladie de la vigne); pourquoi « M. Hébrard, proprié-
« taire, à Neuilly (Seine), a combattu avec succès la maladie par un
« procédé qui consiste principalement dans le couchage des sar-
« ments à une certaine profondeur (20 à 25 centimètres), en ne
« laissant sortir que le bois destiné à porter fruit. » (Société impériale et centrale d'agriculture, séance du 15 novembre 1854.)

Ces faits me semblent justifier l'opinion par moi émise dans mon
Mémoire du 31 juillet 1854 sur les avantages du couchage des vignes jusqu'au moment où le raisin a, en partie, développé son principe sucré.

À la surface inférieure des feuilles attaquées par les acarus, on remarque de petits corps noirs, qui ne sont autre chose que les excréments de l'insecte. J'ai fait cette observation dans mon Mémoire du
31 juillet 1854, p. 9. Je crois devoir rappeler cette date, MM. Bazin,
Perrottet et autres savants ayant, depuis la publication de ce Mémoire, publié eux-mêmes des observations qui me paraissent con-
firmer complétement la plupart des miennes sur le rôle important
que jouent les insectes dans les maladies ou altérations qui ont
frappé depuis quelques années un grand nombre de végétaux.

Sur ces très-petits corps noirs, comme sur les carapaces des acarus, il apparaît, lorsqu'ils n'ont pas été desséchés par la chaleur et
qu'ils entrent en fermentation, des cryptogames microscopiques.

Le concours de l'humidité et de la chaleur m'a paru favoriser
surtout le développement de ces petites mucédinées. Du reste, j'ai
dernièrement empêché ou provoqué, à volonté, l'extension sur des

feuilles de framboisier et de fraisier de ces mêmes mucédinées, suivant que j'avais placé les feuilles à l'air libre au soleil, ou dans une bouteille en verre, bien bouchée, tenue à la lumière sans soleil, et au fond de laquelle j'avais mis quelques gouttes d'eau. Je ne doute pas qu'on ne puisse obtenir les mêmes résultats avec des feuilles de vigne attaquées par les acarus, c'est-à-dire portant des taches jaunes. Toutefois, lorsqu'on place les feuilles au soleil, il faut y exposer la face inférieure.

Sur plusieurs jeunes vignes plantées, l'an dernier, dans un terrain nouvellement et profondément défoncé, j'ai parfaitement constaté l'existence, sur les feuilles, de taches jaunâtres, mais sans qu'il soit apparu d'oïdium ; j'ai pu également m'assurer par la présence et le long séjour des acarus sur ces mêmes points, mais à la surface inférieure de la feuille, qu'ils sont bien la cause de ces altérations locales et qu'ils vont s'établir sur une autre partie du limbe lorsque leur suçoir ne trouve plus, dans la partie du parenchyme qu'occupent ces taches, les sucs dont ils se nourrissent. J'ai vu, du reste, sur un grand nombre des surfaces abandonnées, soit des traces de leurs fils, soit des débris de leurs carapaces, soit leurs excréments sous forme de petites boules noires. En l'absence de l'acarus, n'aurait-on pas pris quelquefois ses fils pour des filaments stériles de l'oïdium, et ses excréments, sur lesquels se développe en irradiations la petite mucédinée que j'y ai bien des fois remarquée, pour des portions de mycelium desséché ?

Sur plusieurs feuilles de framboisier cueillies le 23 avril, il se produit un fait qui mérite d'être constaté. La séve ayant cessé d'affluer dans ces feuilles, les acarus n'en sucent plus seulement les sucs, ils en mangent l'épiderme à la face supérieure, et les plus gros perforent même entièrement le parenchyme pour chercher ces sucs séveux devenus moins abondants. Ces attaques, au lieu d'amener une simple décoloration circulaire ou un commencement d'exanthème, mettent à découvert les tissus sous-épidermiques ; on remarque même quelques perforations autour desquelles il se forme une tache, comme sur le cerisier, le noyer, le mûrier, le tilleul, l'aune, etc.

Ce fait, si simple en apparence, ne semble-t-il pas montrer que les attaques du même insecte peuvent, suivant l'état des plantes et selon que ces attaques sont plus ou moins superficielles, produire

.des effets différents ? Voilà pourquoi l'acarus peut, sans doute, par sa piqûre et sa succion, faire développer sur la vigne, lorsque ses feuilles sont à l'état d'accroissement et que la séve est encore aqueuse et d'une saveur douceâtre, l'*erineum vitis*; et, à une époque plus avancée de la végétation, lorsque cette même séve a pris plus de consistance et que des principes nouveaux s'y sont formés, notamment le principe acide, l'*oïdium*.

Quant à l'*erineum*, il me paraît formé par l'engorgement des nombreux poils blancs que l'on voit sur la face inférieure des feuilles et qui sont d'autant plus abondants et plus rapprochés que celles-ci sont plus tendres. Ce qui me porte encore à penser que l'acarus est bien la cause du développement de cette phylleriée, c'est que bien des fois, l'an dernier, en grattant avec l'ongle la face supérieure de la feuille renversée, sous la plaque d'*erineum*, j'en ai fait sortir de jeunes acarus (Mémoire du 31 juillet 1854). J'y ai trouvé aussi un petit insecte ayant à peu près la forme d'un staphylin, relevant comme lui, fréquemment, son abdomen et le ramenant sur son dos.

J'ai également trouvé ce même insecte sur le mûrier, où sa piqûre m'a paru produire sur les feuilles les mêmes effets que celle de l'acarus. Toutefois l'insecte de la vigne est fauve, et celui du mûrier est noir.

A propos des insectes que j'ai trouvés sur la vigne, j'y ai aussi constaté la présence, avant comme après l'apparition de l'oïdium, des petites larves jaunes remarquées par plusieurs observateurs. Il serait à désirer qu'on pût savoir quel est l'insecte parfait qu'elles produisent. Ne serait-ce pas celui dont je viens de parler ?

Je reviens aux feuilles de framboisier. Les altérations isolées qu'on remarque dans le parenchyme sont, comme je l'ai dit, l'effet des piqûres des acarus ; quant aux petites tumeurs, véritables exanthèmes, déjà formées, elles sont produites par l'effet de l'accumulation des fluides, avant le développement complet des divers organes formant le tissu cellulaire, sur le point du limbe où ont eu lieu la piqûre et la succion de l'insecte. Ce qui me paraît prouver, jusqu'à l'évidence, que ces productions anormales sont bien l'effet des attaques de ces insectes, c'est que moins on observe d'abord d'altérations dans le parenchyme, moins on trouve d'œufs, et conséquemment d'acarus sur les feuilles

Le savant professeur A. Fée, dans son mémoire sur les phyllériées, considère ces productions comme étant seulement estivales ou automnales. L'époque à laquelle je viens de constater leur apparition (14 avril) sur le framboisier et le cerisier cultivés en serre ne doit pas modifier cette opinion, l'époque de leur développement en serre coïncidant avec celui plus hâtif de la végétation, et surtout avec l'apparition des insectes : acarus, aphis, etc. Au point de vue de l'état de la végétation, la maladie de la vigne *ne se déclare donc pas plus tôt dans les serres que dans les champs*, et les taches, avec ou sans oïdium, m'ont paru ne se manifester d'abord que quand les sucs végétaux sont arrivés à un certain degré d'acidité. — Chaque âge de la vie de l'homme n'est-il pas sujet, sous certaines influences, à des maladies particulières ?

A la séance de la Société impériale et centrale d'agriculture du 20 décembre dernier, je présentai des rameaux de vigne et des raisins de première et de seconde végétation. Les rameaux et les raisins de seconde végétation étaient seuls attaqués par l'oïdium, tandis que ceux de première végétation en étaient exempts. M. de Rivière, correspondant de la Société, présent à la séance, déclara que ce même phénomène s'est présenté dans le Midi ; c'est-à-dire que, généralement, les raisins de seconde végétation ont seuls été atteints de la maladie. M. Bouchardat a constaté le même fait en 1852, « sur de très-rares grappillons tardifs, au milieu de vignes exemptes d'oïdium. »

M. le docteur Desmartis, l'un des membres de la commission de Bordeaux, « a constaté chez Mme L..., à Cadéran, et à Saint-Médard-
« en-Jalle, qu'il existait des treilles où l'oïdium avait flétri ou des-
« séché certaines grappes, tandis que d'autres du même pied étaient
« parfaitement saines, et les grains, qui étaient fort beaux, se trou-
« vaient parvenus à une bonne maturité. » — Ces grains fort beaux étaient probablement de première végétation, et ceux oïdiés de seconde.

Ces faits semblent prouver que l'état d'acidité plus ou moins prononcée des sucs favorise surtout le développement de l'oïdium. Ce développement a lieu d'abord par l'effet de la piqûre des acarus, et secondairement par contagion, les innombrables sporules de ses générations successives ayant été promptement disséminées sur *toutes* les parties annuelles de la vigne. Ces faits démontrent encore pourquoi l'oïdium se développe plus particulièrement sur les raisins qui n'ont pas reçu une somme suffisante de chaleur pendant leur premier âge.

Dans l'état anormal où doit se trouver la séve de la vigne, séve beaucoup plus fermentescible, du reste, que celle de la plupart des autres végétaux, l'envahissement rapide de l'oïdium s'explique facilement. On sait qu'une très-faible portion de verjus en fermentation, ajoutée à du moût de raisin nouvellement extrait, suffit pour faire entrer promptement toute la masse en décomposition. N'est-ce pas, en effet, pendant que les sucs du raisin sont encore à l'état de verjus que l'oïdium apparaît surtout et se développe avec le plus de rapidité?

J'ai constaté pendant tout l'hiver, dans mes serres à camellias, la présence des acarus, vivant, du reste, en société avec des aphis, et, à la suite de leurs piqûres, des pustules noires, ayant beaucoup de rapport d'aspect avec celles que j'ai remarquées, à l'arrière-saison, sur les sarments de vigne, se sont formées à la face inférieure des feuilles. J'eus l'honneur de soumettre, cet hiver, à la Société d'agriculture des feuilles de ces camellias sur lesquelles on voyait aussi de nombreux acarus. M. Guérin-Méneville fut chargé de les examiner. De ces pustules m'a paru sortir, plus tard, une végétation cryptogamique ayant une organisation toute particulière.

C'est également à la piqûre et à la succion des insectes (acarus, podures, myriapodes, etc.) que j'avais cru pouvoir attribuer, dans mon Mémoire du 19 janvier 1853, présenté à l'Académie nationale agricole, manufacturière et commerciale, « les taches brunes et les « petites excroissances granuleuses » que j'avais déjà observées sur les tubercules de la pomme de terre, et sur lesquelles se développent également des champignons lorsqu'elles entrent en décomposition.

Je crois donc toujours, d'après mes observations pratiques, que la piqûre et la succion des insectes (acarus, aphis, psylles, cercopes, trips, etc.) (1), en perforant l'épiderme destiné à défendre les végétaux du contact immédiat de l'air; — en détournant les sucs de leur cours régulier et en les faisant affluer vers les parties perforées, où,

---

(1) Je dois ces divers noms à l'obligeance de M. Guérin-Méneville, à qui j'ai soumis les insectes que j'avais recueillis, l'au dernier, sur les plantes qui furent frappées de maladie ou d'altérations.

après avoir formé un épanchement en même temps extérieur et intercellulaire, ils entrent bientôt en fermentation sous l'action immédiate des gaz atmosphériques, ou servent à la production de végétations anormales, suivant l'espèce, l'état et le degré de développement des plantes, — suivant la saison, — suivant l'état plus ou moins acide de la séve et les influences atmosphériques régnantes; — je crois, dis-je, que ces blessures sont la cause non pas unique, mais *déterminante* de la maladie de plusieurs espèces de végétaux et de la vigne en particulier, et des altérations dont quelques autres ont été seulement atteints.

Voilà pourquoi, sous l'action de certaines influences atmosphériques, pluie d'orage (Mémoire d'octobre 1853, p. 10), brouillard, abaissement subit de la température, soleil ardent à la suite de ces phénomènes, on voit quelquefois les feuilles des pommes de terre se couvrir presque instantanément de nombreuses taches *là où il y avait eu lésion* par les aphis, les acarus, les limaçons, les chenilles, etc., et la décomposition putride, véritable gangrène, envahir en très-peu de jours les tubercules, mais seulement lorsqu'ils sont dans un état particulier de prédisposition, état dû aux diverses causes que j'ai signalées depuis cinq ans dans mes notices sur la maladie et la culture de cette plante, et notamment au développement incomplet du principe féculent au moment de la destruction de la végétation herbacée de la plante.

Quant aux causes qui prédisposent les végétaux à la maladie, elles me paraissent avoir eu pour origine 1° les influences atmosphériques anormales auxquelles les plantes ont été exposées depuis 1845 jusqu'au milieu de l'été de 1854; 2° l'absence d'équilibre qui en est résultée entre la production et l'absorption de l'humidité, phénomène qui a développé chez les plantes un état pléthorique; 3° l'état anormal de la séve par suite de l'insuffisance des rayons solaires, rayons en même temps absorbants et vivifiants. A l'appui de mon opinion, voici un passage extrait de l'*Astronomie populaire* d'Arago, et qui, bien que s'appliquant à l'influence solaire sur la production des céréales seulement, me paraît pouvoir être parfaitement invoqué : « Les groupes « d'années où les taches solaires ont été plus nombreuses sont aussi « ceux où le pain a été plus cher, où la température moyenne a été « plus faible, où il est tombé plus de pluie; dans les années où on « a compté moins de taches, il est tombé moins de pluie, la tempé-

« rature moyenne a été plus élevée, le pain a été moins cher. »

J'ajouterai encore que, d'après les observations météorologiques faites, à Paris, l'an dernier, le mois de mai donna 17 jours de pluie, et le mois de juin 21 jours. Le temps fut couvert les 6/10 du mois en mai, et les 8/10 en juin. J'ai trouvé dernièrement ces détails dans un fragment de journal que je crois être l'*Assemblée nationale*... Et ce passage de Mirbel (*Éléments de physiologie végétale et de botanique*) n'explique-t-il pas parfaitement et en peu de mots les causes de la maladie actuelle de certains végétaux et ses effets, moins ceux de l'oïdium sur la vigne : « Dans les années pluvieuses, beau-« coup de végétaux éprouvent une espèce de pléthore ; l'eau rem-« plit les vaisseaux sans s'y élaborer : les huiles et les résines ne se « forment point ; les fruits sont sans saveur ; les graines n'arrivent « pas à parfaite maturité ; les feuilles tombent; les racines se cou-« vrent de moisissures, et pourrissent? »

La maladie actuelle ne peut-elle pas être considérée comme une espèce de maladie éruptive (Mémoire du 19 janvier 1853), amenant sur les plantes à tiges herbacées, comme la pomme de terre et la tomate, l'infection et la désorganisation complète des tissus ; sur les plantes vivaces et à tige ligneuse, comme la vigne, le pommier, le mûrier, etc., la destruction plus ou moins complète de leurs parties annuelles, puis une altération consécutive de tout l'organisme végétal. On peut attribuer cette altération à la perturbation produite dans la circulation régulière des fluides et dans la formation des sucs nourriciers, les feuilles, organes aériens de l'expiration des liquides séveux et de l'aspiration des fluides aériformes ou gaz, n'ayant pas pu remplir assez longtemps ou convenablement leurs fonctions. J'ai constaté, dans ma serre comme sur les vignes plantées à l'air libre en espalier (on ne les cultive pas autrement dans ma contrée), que les surfaces des jeunes pousses et des fruits, ainsi que les feuilles qui sont exposées aux rayons solaires, et par cela même, plus particulièrement attaquées par les acarus, portent presque exclusivement, avant l'apparition de l'oïdium, des traces d'altération. La maladie ne serait donc d'abord qu'externe et locale ; ce serait, comme je l'ai dit plus haut, une espèce de maladie éruptive, « une « maladie analogue à la pellagre, d'après les docteurs Ronca et « Beccari. » (Compte rendu de la commission de Bordeaux.)

Quant aux moyens préventifs, voici ceux que j'emploierais, si j'avais des vignobles : 1° aération du sol par des façons répétées, afin de faciliter l'introduction de l'oxygène, dont l'action hâte surtout la décomposition des engrais animaux et végétaux, et les rend plus tôt assimilables ; — drainage, ou au moins défoncement profond du sol avec la charrue fouilleuse ou sous-sol, pour les nouvelles plantations de vignes ; — 2° pour engrais, emploi de terreaux salés, préparés un an d'avance, préférablement au fumier ; 3° taille tardive (autant que durera la maladie), afin de provoquer, comme moyen préventif d'un état pléthorique ultérieur, un écoulement abondant de séve ; — 4° enlèvement de la vieille écorce ; — 5° chaulage des ceps immédiatement après ces deux opérations, c'est-à-dire avant le développement des bourgeons, avec un mélange de chaux (8 parties), de sel (1 partie), de soufre (1 partie) et d'urine non fermentée ; — 6° couchage des ceps sur le sol jusqu'au moment où le grain commence à devenir transparent ; — 7° lorsque le grain commence à grossir, c'est-à-dire lorsqu'il se fait un mouvement actif de séve vers la grappe, pincement à trois yeux au moins au-dessus de celle-ci ; — 8° enlèvement des jeunes pousses supprimées, sur lesquelles doit se trouver un grand nombre d'acarus.

En 1853, je fis pratiquer, comme moyens préservatifs, la taille tardive et le chaulage sur plusieurs vignes de variétés différentes qui avaient été fortement oïdiées en 1852 : elles me donnèrent de superbes raisins. (Mémoire d'octobre 1853, p. 12, 13 et 14, à la suite de la *Maladie des pommes de terre.*)

Un fait très-important à constater, mais auquel je n'avais pas d'abord fait beaucoup d'attention, c'est qu'une de ces vignes (variété *gros marocain*), dont les feuilles, très-épaisses, sont couvertes, en dessous, d'un duvet cotonneux très serré, ne fut atteinte ni en 1852 ni en 1853. L'an dernier, j'ai inutilement cherché dans ma serre, pendant quelque temps, des acarus sur cette vigne, et alors que, dans le mois de juillet, plusieurs des ceps voisins en étaient couverts, c'est à peine si j'y en ai aperçu quelques-uns. Les vignes de ce genre seraient-elles préservées, par leur feuillage cotonneux, des piqûres de l'acarus ? S'il en était ainsi, cet insecte serait bien alors, comme je le crois, la cause *déterminante* de la maladie actuelle. Ce qui semble encore venir à l'appui de cette opinion, c'est que, d'après les observations de M. Pépin et de M. Bouchardat, les vignes d'Amérique, notamment la variété connue sous le nom d'*Alexandrie* ou *Isabelle*, à feuillage cotonneux, ont été ou à peu près exemptes d'oïdium, ainsi que les grappes de plusieurs autres variétés dont les raisins ont la peau *épaisse*, tandis que, dans ces dernières, les feuilles n'ont pas été épargnées.

Il est permis, du reste, d'espérer que les saisons continueront, comme depuis le milieu de l'été dernier, à reprendre une marche régulière, et qu'après avoir vu les longs froids et les neiges abondantes de janvier et de février, qui ont reposé ou retardé la végétation, toujours trop hâtive au commencement du printemps depuis plusieurs années; qu'après avoir vu, comme autrefois, les giboulées en mars et les hâles en avril, nous verrons aussi le soleil bienfaisant des mois de mai et juin rendre aux végétaux une vigueur qui leur permettra de supporter comme autrefois, sans qu'il en résulte d'accidents graves, la piqûre de l'acarus, qui n'est pas un insecte nouveau sous le soleil.

C'était sous le climat humide et brumeux de l'Angleterre que la maladie des végétaux devait commencer, comme ce devra être également en Angleterre qu'elle se prolongera probablement plus qu'ailleurs, tandis qu'elle devra disparaître d'abord des lieux qu'elle a les derniers visités. Toutefois il est possible que l'altération, par suite de plusieurs années de maladie, de l'organisme végétal, du tempérament des plantes vivaces, soit telle que plusieurs années seront nécessaires à leur complet rétablissement. Si la maladie qui frappa, en 1837 et 1838, les mûriers à Grignon, si celle dont furent atteintes, en 1834, les vignes sur les bords du lac Léman et qu'observa M. A. de Candolle; si celle qui fut observée dans la même année par M. du Puits, propriétaire, à Gradignan (Gironde) (commission des vignes), et, quarante ans plus tôt, par M. Vaucher (*Bibliothèque universelle*, septembre 1855); si le pulviglio (petite poussière), sans doute l'oïdium, et la rogna (gale ou lèpre), sans doute la maladie noire, dont on parlait, en 1743 (commission des vignes, Bordeaux, 1853); si l'*araneum* de Pline et l'*arachinium* de Théophraste n'eurent qu'une durée passagère, espérons qu'il en sera de même de celle qui, depuis plusieurs années, a frappé la pomme de terre, la vigne, le mûrier, le pommier, etc.

A propos de la maladie du pommier, qui a sévi depuis deux ou trois ans dans ma contrée (Mémoire du 31 juillet 1854), j'ai fait quelques nouvelles observations que je crois devoir signaler. L'*epoch-*

nium virescens, ce rare cryptogame dont le savant docteur Montagne a constaté la présence sur les jeunes fruits atrophiés que j'avais adressés, le 30 juin 1854, à S. E. M. le ministre de l'agriculture, par qui ils furent soumis à la Société impériale et centrale d'agriculture ; l'*epochnium*, dis-je, m'a paru amener, sur les jeunes pommes, des accidents analogues à ceux de l'oïdium sur le raisin. En effet, la plupart des fruits que l'*epochnium* recouvre de ses plaques noirâtres cessent de grossir, se fendent bientôt longitudinalement et laissent apercevoir leurs pepins plus ou moins développés , puis tombent ainsi que tous ceux qui se sont atrophiés. N'est-il pas à remarquer que « cette singulière production, qui n'est mentionnée dans aucune « Flore, soit de France, soit d'Angleterre, et qui fut publiée seule- « ment en 1817 par le chevalier de Martius » (Dr Montagne , Rapport à la Société d'agriculture), se présente sur le pommier en même temps que l'oïdium , champignon nouveau ou au moins récemment signalé , sur la vigne ? Ces deux mucédinées n'auraient-elles qu'une apparition périodique, subordonnée aux influences sous lesquelles elles se sont développées ? Dans les champs ne voit-on pas, dans certaines années, des plantes adventices, la folle avoine, par exemple, envahir les récoltes ?

Je crois devoir appeler aussi l'attention des savants sur un fait qui me paraît encore venir à l'appui de mon opinion sur le rôle important que jouent, depuis quelques années, les acarus dans la maladie des végétaux, et que leur ont, du reste, attribué avant moi MM. Chaufton, Robineau-Desvoidy, Troccon et Fléchet, dont je regrette de ne pas connaître les écrits. J'ai trouvé l'acarus sur toutes celles des plantes *érinéifères* signalées par le professeur A. Fée dans son mémoire sur les phylléríées, et qui croissent dans ma contrée, c'est-à-dire érable, platane, sycomore, aune, pêcher, bouleau, coudrier, hêtre, noyer, néflier, prunier, poirier, pommier, chêne, bourdienne, ronce, sorbier, tilleul et vigne. Toutefois il ne faut plus chercher l'acarus sur les vignes envahies par l'oïdium. Avant l'apparition de ce cryptogame, on le trouve surtout près de la nervure médiane de la feuille et sous les petits faisceaux de poils développés à la réunion des nervures latérales avec cette nervure principale. C'est surtout aussi, comme je l'ai dit, pendant la chaleur du jour qu'on le voit en mouvement et sur les grains de raisin, comme sur les prunes de seconde saison.

Pour résumer mon opinion, voici comment je formulerais le diagnostic de la maladie de la vigne : exubérance et état anormal des sucs végétaux ; lésion du tissu cellulaire épidermique du fruit, des feuilles et des jeunes pousses par les insectes ; extravasation et fermentation consécutive de ces sucs, amenant le développement d'abord local, puis bientôt général de l'oïdium avec ses effets, *immédiats* sur les parties annuelles, et *consécutifs* sur les parties vivaces de la vigne.

Bien que j'eusse désiré appuyer ces observations par une seconde année de recherches, je n'hésite pas à les publier dès aujourd'hui ; car j'ai pensé que, pour bien apprécier les causes de la maladie des plantes, les observations devaient être commencées dès que la végétation apparaît, à chacune de ses phases, et non lorsque la maladie est déclarée.

Victor CHATEL,

membre de la chambre consultative d'agriculture de Vire, de la Société impériale zoologique d'acclimatation, des Sociétés d'horticulture de Paris, Nantes, Cherbourg et Caen ; correspondant des Sociétés d'agriculture d'Avignon et Châlons-sur-Marne, etc.

(A PARIS, 5, RUE DE TRÉVISE , jusqu'au 25 juin.)

Paris , le 2 mai 1855.

PARIS. — IMPRIMERIE DE Mme Ve BOUCHARD-HUZARD , RUE DE L'ÉPERON, 5.

www.ingramcontent.com/pod-product-compliance
Lightning Source LLC
Chambersburg PA
CBHW070218200326
41520CB00018B/5689